WAS IST WAS

学习源自好奇 科学改变未来

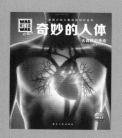
未来能源

探索月球

神奇地球

神秘机器人

奇妙的人体

深海之谜

太空之旅

走进热带雨林

宇宙中的星体

伟大的发明

神奇的火车

沙漠之旅

显微镜探秘

野生动物

奇趣萌宠

鸟类不简单

神秘的古埃及

印第安人

伟大的探险家

未来世界

蛇的故事

考古探秘

马的生活

舞蹈的魅力

生物质资源

2023 NEW

石器时代

2023 NEW

第一辑·全10册
第二辑·全10册
第三辑·全10册
第四辑·全10册
第五辑·全10册
第六辑·全10册
第七辑·全8册

U0182228

宇宙中的星体

打开探索宇宙的大门

[德] 曼弗雷德·鲍尔 / 著　张依妮 / 译

航空工业出版社

方便区分出
不同的主题！

真相 大搜查

14

可以不受干扰地观察星体！
望远镜——"天文学家的眼睛"甚至可以深入到太空。有些天文学家直接在地球轨道上进行观察。

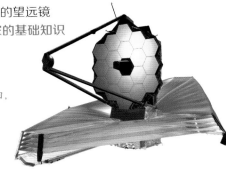

19

望远镜变得越来越大和越来越精细，随之而来的发现也越来越惊人。

7

除了星星以外，我们还会看到完全不同的天体，比如那些奇怪的星云，它们看起来就像马头。

太阳是离我们最近的恒星，它影响着我们的生活。它让我们看到天空中美丽的极光。

24

8

人类最早的星空图表明，早在数千年前就有人开始研究星体。

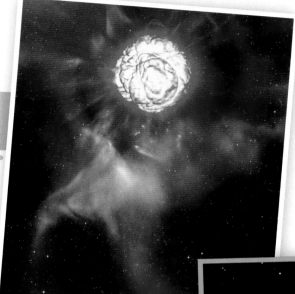

28

星星不只是在天空发亮的点,它们有各种各样的颜色和大小。有些会膨胀成红色的庞然大物。

35

特别巨大的恒星以超新星爆发的形式结束它们的生命,最后留下一个神秘的黑洞。

37 宇宙魅力:这种行星状星云如何产生?

符号►代表内容特别有趣!

48 名词解释

重要名词解释!

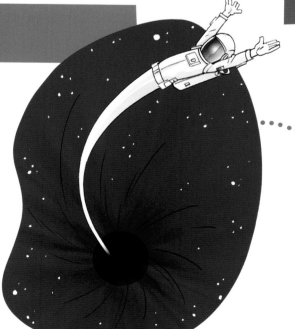

46

黑洞:在这里你会知道,如果靠近黑洞会发生什么。

恒星考古学家：
安娜·弗雷贝尔

年轻的教授安娜·弗雷贝尔，正站在她的工作仪器——位于智利的麦哲伦望远镜前。

安娜·弗雷贝尔和一个女学生。背景中的蓝色环通常装有直径6.5米的主镜。主镜每年要拆下来两次，进行清洗。

考古学家的工作，一般是从地下挖掘我们祖先生产的工具、首饰、家具等文物，但安娜·弗雷贝尔是另一种类型的考古学家——恒星考古学家。她的工作是在宇宙深处探索宇宙初期的原始恒星，其中有些已经超过 130 亿年。而我们的太阳才 46 亿年，还是一个相对年轻的恒星。安娜·弗雷贝尔说："寻找原始恒星是天文学里一个伟大又令人兴奋的领域，但并不是那么容易！"。为了找到这些原始恒星，她穿梭世界各地，在美国、智利和澳大利亚用大型望远镜观测宇宙。

如果你想要从零开始制作一个苹果派……

……你必须先发明宇宙。这是安娜的偶像——美国著名天文学家卡尔·萨根说的。苹果派乃至人类都是由氢、碳、氧

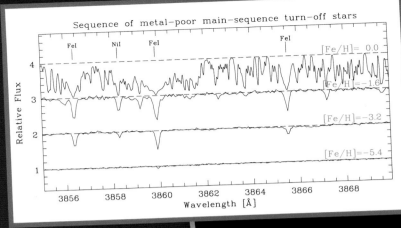

Sequence of metal-poor main-sequence turn-off stars

频谱越平缓，就越让安娜激动。上面是包含许多重元素（金属）的年轻恒星的光谱。最下面是一颗非常老的恒星，含有极少量的铁元素（Fe 代表铁）。

氮和一些其他原子组成。但这些并不是一开始就存在的，138 亿年前，我们的宇宙诞生于一场大爆炸，形成三种最轻的化学元素：氢、氦和微量的锂。大爆炸发生 3 亿年后，这些原子的气体星云聚集成为第一批恒星，但安娜·弗雷贝尔寻找的并不是这些恒星，因为寻找它们毫无意义，第一批恒星很大，燃烧很快，它们在几百万年后就已耗尽燃料；而小质量的恒星在燃料方面更"节约"，可以持续数十亿年。星体通过较轻的原子核融合成较重的原子核获得能量，于是由氢可以形成氦，以及之后的碳、氧、氮和铁。在生命的尽头，大恒星爆炸成超新星，巨大的爆炸使恒星将它的气壳射入太空中，原子核会捕获自由飞行的中子，它们是电中性的核心组件。与此同时，产生所有比铁重的其他化学元素。释放出的气体和尘埃云形成了下一代恒星。

金属含量是决定因素

与化学家不同，天体物理学家将所有比氦重的元素称为"金属"。氦气是让气球上升的气体。重元素只出现在恒星，所以超新星会使宇宙的金属含量一点点增加。要想找到尽可能久远的恒星，安娜·弗雷贝尔就要找金属含量尽量少的恒星。她将一颗恒星的铁含量与太阳的铁含量进行比较，铁含量越少，恒星就越久远。

安娜·弗雷贝尔从小就对星星很感兴

天文学家使用棱镜将恒星的光分成不同颜色的光谱带。光谱带暗线揭示了星星表面上有哪些化学元素。

趣，所以她后来学习了物理学和天文学。读大学的时候她前往澳大利亚寻找南半球天空历史久远的恒星，她把星星的光分解成类似彩虹的七色光带，这些光谱包含的暗线可以揭示恒星由哪些元素构成。安娜·弗雷贝尔对铁线特别感兴趣，恒星的铁线越弱，时间越久。

年龄纪录！

2005 年，安娜·弗雷贝尔 25 岁，她发现了铁含量是太阳三十万分之一的恒星 HE 1327–2326，引起巨大轰动。九年后，即 2014 年，她又有了一个更大发现：在恒星 SMSS0313–6708 中检测不到铁，这颗星的铁含量最多只有太阳的千万分之一，估计是在 138 亿年前宇宙大爆炸后不久形成的。这些古老恒星透露了宇宙当时的样子以及重原子是如何出现的，乃至地球等行星和所有生命是如何由这些重原子组成的。显然，HE1327 和 SMSS0313 是安娜最喜欢的恒星。

这是太阳光谱的可见光范围。太阳具有很高的金属含量，它是一个相对年轻的恒星。

我们在天空中看到的

彗星

彗星是一颗"冰球"。当它接近太阳时，部分物质蒸发，被太阳风吹走并发光，这就是彗星长长的尾巴产生的原因。

我们人类生活在巨大宇宙中的一颗小行星上。当我们仰望夜空时，感觉被众多恒星所包围，大多数恒星比较遥远，所以对我们的地球没什么影响。但有一颗恒星决定了我们的生活，那就是太阳。太阳是离我们最近的恒星，为我们提供温暖和光明。

许多恒星

在没有人造光干扰的晴朗夜晚，我们可以用肉眼看到大约 3000 颗恒星，地球另一端的人们也会看到如此多的恒星，也就是说没有光学设备辅助的情况下，在地球上总共可以看到约 6000 颗恒星。此外，我们看到一条乳白色的带子横跨夜空，那就是银河。但肉眼无法识透银河的真实本质，只有使用望远镜，才能认识到它是由众多恒星组成。从地球上看到的 6000 颗恒星，以及银河中的无数颗恒星都属于银河系。星系通常由数十亿颗恒星组成。

非恒星

除了恒星以外，我们还会看到其他天体，包括每天都会改变位置的七个太阳系行星，它们与地球一起绕太阳运转。用望远镜还可以看到特殊的由气体和尘埃组成的星云。有时你可以看到一个亮点在天空中移动几分钟，这可能是每 90 分钟绕地球一圈的国际空间站（ISS）。所有这些天体都不能自己发光，不属于恒星。

月亮

月亮只能反射太阳的光线，因此不是恒星。根据地球、太阳和月亮的位置变化，会出现不同的月相。

星 云

星云不是恒星。图中是哈勃太空望远镜在红外光下看到的马头星云。

仙女座星系

另一个大型螺旋星系是仙女座星云 M31。我们用肉眼看到它是纺锤状的椭圆形，只有用望远镜才能看出它的螺旋结构。

银河系

银河系由数十亿颗恒星组成，是一个螺旋星系。但我们从地球上看它是图中这个样子。因为太阳和其行星就在它的一条旋臂上，我们永远无法从外面看到我们的家园星系。

行 星

因为它们不会自己发光，只能反射阳光，所以行星和卫星都不是恒星。我们用肉眼可以看到水星、金星、火星、木星和土星。由于恒星很远，它们在我们眼中就成了光点，因为有时受到大气湍流的影响，从而一闪一闪。行星更接近我们，我们看到的它们是片状的光面，大气湍流只能影响到光面的部分边缘，所以行星不会闪烁。

早期的天文学

内布拉星象盘上黄金制成的天体，和七星组成的昴宿星团。

天文学是人类最古老的科学之一。早在石器时代，星星就可以给夜间行动的狩猎者和采集者指路；后来狩猎者和采集者成了定居的农民，他们常年记录下星星的变化，从而发展出最初的日历，由此得知什么时候适合耕种。

神秘的巨石阵

在大约 4500 年前的英格兰，人们将重达四吨的石头放置成一个环形的石阵，这座石阵被用作宗教场所和天文台。石头的排列方式可以借助太阳的移动路径测出一年中重要的日子，比如夏至、冬至、秋分、春分。

神秘的星图

1999 年，人们在德国的内布拉发现了一件青铜星象盘。星象盘大约有 3600 年的历史，是人类对宇宙最古老的描绘。青铜器时代的人们在大约 3600 年前精心制作了这个青铜星象盘，并将其作为圣物埋葬起来。在这个青铜盘上，天体图案是用黄金做的，有满月和弯月，还有一个由七颗星星组成、被称为昴宿星团的小星群。

恒星伴随着文明

天文学的历史可以追溯到公元前 3000 年作为波斯湾文化中心的古巴比伦。那时天文学家能准确地计算出日全食和黄道十二宫，他们还给很多恒星命名，有些我们现在仍

法国拉斯科洞窟的公牛壁画：一位石器时代的旅行家将昴宿星团放在这个有 17000 至 19000 年历史的公牛壁画的右边。

天文台和宗教圣地：英格兰巨石阵。这个石阵对新石器时代的人一定很重要，因为他们将这些巨大的石头从很远的地方搬到这儿并搭建起来。

在使用。在公元前 4000 年，古埃及人已经发明了划分为 365 天和十二个月的太阳年，他们以天狼星——夜空中最亮的恒星，再次和太阳一起从地平线升起作为一年的开始。对埃及人来说，这是一个非常重要的日子，因为在这段时间尼罗河水位上涨，将肥沃的泥土带到田野里。

中国古代的宫廷天文学家对新星（客星）进行了观察，人们以前看不见这些星星，或者它们只是短时间内出现，如彗星、月食和日食。

早在欧洲人征服美洲之前，玛雅人就在今天的墨西哥建立了天文台，密切地观察天空。

这些古老的文明大多都认为地球是一个圆盘，天空是个拱顶。

与神有关

人们长久以来都不知道恒星、太阳、行星和月亮究竟是什么。他们只能把天空中发生的事情与神联系在一起，他们认为天空是众神的居所。天空发生的事情会引起人们的猜测，有些人甚至会感到害怕，例如在月食期间月亮变红，或日食期间太阳变暗。在中国古代，人们相信是一只天狗吞噬了太阳和月亮。

古希腊人的研究

在古希腊，天文学家通过观测天空证明地球是个球体，他们意识到在月食期间遮住月球的地球影子总是弧形的，他们甚至能够精确知道地球的范围。然而，他们仍然相信地球是宇宙的中心，地心说一直持续到中世纪末。"地理"一词来自希腊语，意思便是"地球"。

现在这是一门科学了！

1609 年，伽利略首次使用由荷兰人发明的望远镜进行天体观测，建立起现代天文学。望远镜是观察和了解天体的重要工具，天文学家借此不断发现新天体，例如星云和星系，并且越来越深入太空。现在，带有灵敏相机和分光镜的现代望远镜不断带来令人兴奋的发现。

地心说：古希腊人相信地球处于宇宙的中心，当时已知的五颗行星水星、金星、火星、木星和土星，以及月亮和太阳都绕着地球运行。但这是错的！太阳才是太阳系的中心。

伽利略将望远镜引入天文学。他发现了在太阳光盘上移动的黑子，总结出太阳围绕一个旋转轴自转的事实。

通过望远镜看到的昴宿星团，也称为七姊妹星团。凭借良好的视力和极佳的观看条件，肉眼可以看到多达九颗恒星，但大多数人只看到五到七颗星。

星空图

北天星空

这幅图描绘了站在北极看到的北天星空。在中纬度地区，我们只能在夏天看到一些星座，比如武仙座。其他星座则在冬天才能看到，如猎户座。夏天的星座在冬季的白天比较靠近太阳。

冬季星座：猎户座

在希腊神话中，猎户座是一名猎手。人们很容易从连成一条线的三颗星星组成的腰带和斜向下垂的佩剑识别出这个星座，蓝超巨星参宿七位于猎户座的脚部，红超巨星参宿四位于肩膀的位置。

参宿四

参宿七

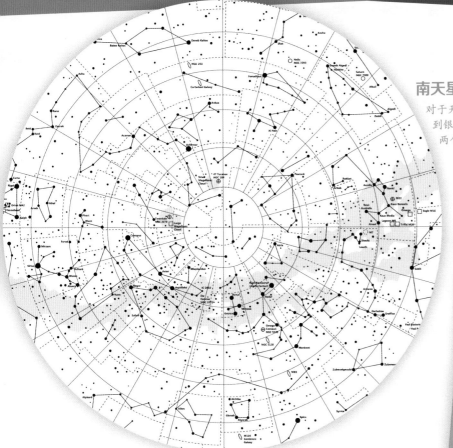

南天星空

对于天文学家来说，南天星空特别有趣，因为只有在这里才能看到银河系的中心。另外，在南天星空可以看到与银河系相邻的两个不规则星系：小麦哲伦星系和大麦哲伦星系。

猎户座的星等达到或小于6等，能见度高的时候人们可以用肉眼看到它。

星图可以帮助我们在夜空中找到相应的星座，这些图显示了特定时间内恒星和其他天体的确切位置。在肉眼看来，恒星的位置似乎是不变的，所以我们才称它们是"恒"星，但有一些紧密而快速的恒星会改变它们的位置，天文学家可以测量出来。人们将明亮的恒星连起来就形成一个星座，这些连线只用于在夜空中定位，大部分看起来接近的恒星实际上相隔很远。星空在一年中会随着时间的变化而变化，因为地球每年围绕太阳转一圈，人们可以在不同的季节看到天空的不同部分。在星图上，比较亮的星星标记得较大，较弱的则标记得较小。天文学家用数字表示星星的亮度，它叫作星等：数字越小，星星越明亮，最亮的等级为零甚至是负数；能用肉眼看到的最暗的恒星为5等或6等。恒星可见或不可见不仅取决于亮度，还有距离：看起来明亮不代表那颗恒星真的很亮，一颗微弱的恒星如果靠近地球，可能比一颗本身很亮但离地球较远的恒星看起来要明亮得多。

随着时间的推移，许多恒星的亮度会发生改变，人们用圆环标记这些变光星，这个符号表明这颗恒星时亮时暗。参宿四就是这样的星星，其亮度变化值在 0.3 和 0.6 等之间。

蔷薇星云（NGC 2237）位于麒麟座中，中心的 NGC 2244 星团照亮了整个星云。

我们在宇宙中的位置

速度纪录
300000 千米
光在真空中每秒传播 300000（30 万）千米。
1 光年的距离是大约 9500000000000（9.5 万亿）千米。

宇宙的大小可以通过光传播的时间来确定。在真空中，光线每秒传播 30 万千米，宇宙中没有什么比光速更快的了。光到达月球需要 1.3 秒；走完地球到太阳之间 1.5 亿千米的距离，需要八分多钟；海王星是太阳系八大行星中最外面的一个，光要走四个小时十分钟才能到达；光需要 4.2 年才能到达半人马座的比邻星，它与地球的距离为 40 万亿千米（40 000000000000 千米）。天文学家为了避开这些巨大的长串数字，采用"光年"来表示距离，光年是光在一年中的行进距离，即使是最快的宇宙飞船也需要数千年才能走完一光年。

地月系：月球（俗称月亮）是目前人类登陆的距离最近、也是唯一的天体。

银河系：至少包含 2000 亿颗恒星，太阳只是其中的一颗，位于其中一个螺旋臂的外部。这个星系每 2 亿年自转一次。

太阳系：地球和其他七颗行星及它们的卫星、矮行星、众多的小行星和彗星都围绕着太阳旋转。

相邻恒星：目前已知的距离我们最近的恒星系统是半人马座 α 星，它是一个距离我们 4.2 光年的三合星系统。用今天的技术向半人马座 α 星发射探测器需要 4 万年才能到达。

星星的组合

我们的太阳只是 2000 亿（也许更多）个恒星中的一个，它们共同组成我们所处的星系——银河系。而银河系并不是唯一的星系，其附近还有另外 30 多个星系，比如仙女座星系，这些星系共同组成了直径达几百万光年的星系群。

几个星系群形成了一个星系团，而多个星系团又组成超星系团。我们所属的本超星系团直径为 1.5 亿光年。宇宙还有很多这样的超星系团，但究竟有多少，我们目前还不得而知。

宇宙之外是什么？

我们根本不知道宇宙有多大，即使用最大的望远镜，天文学家也只能看到 138 亿光年的距离，因此宇宙的年龄暂时被判定为 138 亿年。

我们看不到宇宙之外的东西，因为宇宙外边的光还没有到达地球。

可观测的宇宙大约有 138 亿光年大，但我们假设宇宙不仅仅这么大。因为目前我们还不知道，它是无限大还是就只有我们所能观测的那么大。

本星系团：本星系群和其他星系群组成的集合，又叫室女座星系团。

本星系群：是一个由银河系在内的不同星系组成的集合，包括仙女座星系、小麦哲伦星系和大麦哲伦星系。

本超星系团：包含本星系团在内的超级结构，又叫室女座超星系团。

深入太空的眼睛

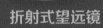

物　镜

目　镜

很长时间以来，人类只能用肉眼观察恒星、行星和其他天体。直到 1608 年，人类才发明了望远镜。伽利略在 1609 年用望远镜首次进行了天文观测，由此发展出大型望远镜，但它的镜片太大，最终不得不被凸透镜取代。

望远镜的原理四个世纪以来没有太多改变。望远镜是收集光线的设备，折射式望远镜的物镜，也称折射镜，用来收集光线，形成一个可以用目镜观看的图像。目镜是供人们用眼睛观察的镜头系统。根据目镜的不同，可以设置不同的放大倍率。在反射式望远镜中，物镜也称反射镜，作为主镜的凹面镜（向内弯曲）

收集光线，再通过平面的次镜将光线反射到目镜。物镜（或主镜）越大，望远镜捕获的光线越多。现代大型望远镜的巨大主镜可以收集很多光线，所以我们能看到光线很弱很远的物体。而且现在专业的天文学家都不用目镜观察了，改用巨大的数码相机拍摄图像，并通过计算机进行评估。

折射式望远镜

折射望远镜通过透镜收集光线，目镜用于放大图像，但是增大镜头会导致设备笨重和图像色差的问题，从而限制了望远镜的尺寸。

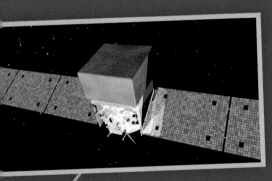

伽马射线

伽马射线波长最短。费米太空望远镜正在寻找特别高能量的伽马射线。

紫外线

太阳和日球层探测器 SOHO 对太阳光谱的紫外线区进行观测。

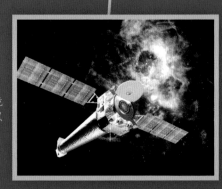

X 射线

钱德拉 X 射线太空望远镜观察着从爆炸的恒星或黑洞发出的高能光线。

可见光

可见光只是太阳和其他恒星辐射能量的很小一部分，许多在可见光下工作的望远镜也可以观察到近红外或近紫外范围内的东西。

反射式望远镜

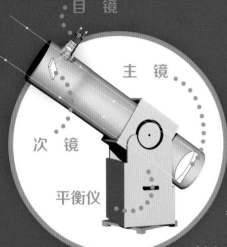

目 镜

主 镜

次 镜

平衡仪

红外线

赫歇尔望远镜可以看到热辐射，因此可以透过银河系的尘埃云到达恒星诞生的地方。

每种光都有相应的望远镜

光是电磁波。可见光只是光谱的一小部分，不同的波长或能量使光有不同的颜色，其中蓝光比红光的波长短。可见光的一边是波长更短的紫外线、X 射线和高能量伽马射线，另一边是红外线、微波和波长极长的无线电波。每种光都有相应的望远镜。

射电望远镜

许多天体，包括星际气体云，都会发射无线电波。大部分无线电波通过地球大气传播到地球表面，由大型抛物面无线电天线接收，这就是射电望远镜。但是，由于无线电波的波长非常长，我们难以定位辐射源，为了提高分辨率，人们将不同的无线电天线装在一起，例如美国的甚大天线阵（VLA）。位于加勒比岛屿波多黎各的阿雷西博天文台建在一个山谷里，直径有300 米，但不可旋转，这个巨大的抛物面望远镜一直在接收地外文明的信号，可惜迄今尚未收到。

微波望远镜

微波是特别短的无线电波，由星体诞生时的气体和尘埃云发出。阿塔卡马大型毫米波 / 亚毫米波阵列（ALMA），是一个现代化的望远镜，由 66 个直径 13 米的抛物面天线组成，就像一个巨大的望远镜阵列。ALMA 可以看到恒星形成区域的光谱微波区。由于地球大气层中存在水汽干扰，所以，智利高海拔、干燥的阿塔卡马沙漠被选为安置点。这个国际研究机构的花费超过数十亿欧元。

红外望远镜

红外望远镜可以测量天体的热辐射，在此过程中会受地球大气的水汽的干扰。因此，红外望远镜最好建在相对干燥的高山上或作为太空望远镜送入太空。

微 波

普朗克太空望远镜绘制了准确的宇宙微波背景辐射图，捕捉到宇宙大爆炸的回声：宇宙正是始于大爆炸。

无线电波

无线电波的波长最长。甚大天线阵（VLA）27 个直径 25 米的移动天线一起工作，组成一个巨大的无线电天线阵列。

在高山上观测

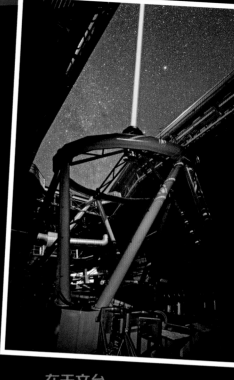

激光束可以让95千米高的钠原子发光。利用人造信标这种可调节的光学元件可以弥补甚大望远镜中的空气湍流。

专业天文学家工作所用的大型望远镜通常建在高山上,那里的空气比海拔低的地方更干净、更稀薄,几乎没有光污染,不像在大城市附近,夜间也灯火通明。

深入太空的欧洲眼睛

位于智利高海拔地区的阿塔卡马沙漠是世界上最干燥的地区之一,为天文观测提供了完美的条件,这就是为什么欧洲南方天文台(ESO)要把望远镜安放在那里。

由于大型望远镜的建造和维护费用昂贵,所以来自不同国家的数个研究机构和大学经常联合起来共同操作一个观测台,其中最令人印象深刻的是欧洲的甚大望远镜,从名字就可以看出它是一个非常大的望远镜,其英文缩写是VLT,由4台口径8.2米的望远镜组成。

镜像技巧

这些大型玻璃主镜必须尽可能轻,因此底部是一个蜂窝结构,建造材料较少。尽管如此,镜子仍然很重,以至于根据观察方向的不同而

在天文台
夏威夷凯克天文台的两个圆顶之一,世界上其他大型望远镜也差不多是这个样子。

入射光

拱 顶
保护敏感的望远镜远离风、恶劣天气和灰尘的干扰。

挡风设备

主 镜
用来捕捉天体的光线。它由几个部分共同组成,直径将近十米。

控制室
天文学家的工作场所。在那里天文学家通过计算机控制仪器和分析数据。

开合穹顶
只有在观察时,穹顶才会打开。

数码相机
电子相机捕捉主镜的光线。

平衡仪
调节镜头的旋转,以便长时间曝光。

旋转轴线
这可以让望远镜对准天空的任何区域。

没有电脑什么都做不了，因为它要控制望远镜和相关设备、储存数据……

产生弯曲。弯曲的镜子会导致图像变形，所以镜子会不断地自动适应变化，它们背面有促动器可以补偿变形，这个主动光学系统使图片更清晰。

四只眼睛比一只眼睛看得多

人们可以用 VLT 中任意一台望远镜从任何方向深入宇宙，也可以将它们组合在一起使用。地下隧道系统将光线通过反射镜聚集在一起。这四台望远镜可以解决最小的细节问题，相当于使用一台口径有 200 米的望远镜。这种互连和叠加光的方法被称为干涉测量法。

光可以说明什么

天文学家可以使用望远镜上的附加仪器分析天体的光线，玻璃棱镜或衍射光栅可以将光分解成彩虹的颜色，由此得到一个光谱，它可以揭示一颗恒星由哪些化学元素组成，它的表面有多热，以及天文物体的移动速度。天文学家用高精度光谱仪记录光谱，然后用计算机对其进行分析评估。

电子眼睛

如今，专业天文学家很少单纯使用目镜观测天空，以前天文相机的照片需要曝光，通过长时间曝光来收集光线。现在人们通过光敏传感器记录图像。这些天文相机的工作原理与智能手机的相机非常相似，但更大更灵敏。对于光线特别微弱的物体，通常会叠加拍摄照片，需要连续拍摄几个晚上。图像以数字形式存储并由计算机进一步分析。由于天文观测需要大量的数据，强大的计算机是天文学家的重要工具。理论天体物理学家还使用超级计算机对恒星内部的演变或星系如何形成进行计算和模拟，甚至可以去到宇宙的起点，模拟宇宙中的结构。

还要帮助天体物理学家和宇宙学家模拟宇宙进程。图中所示是宇宙神秘的暗物质的分布。

甚大望远镜

南美智利的阿塔卡马沙漠几乎没有云，空气干净清爽，几乎没有任何扰动的空气紊流。这就是为什么欧洲南方天文台的甚大望远镜（VLT）设立在 2600 米高的帕瑞纳山上。这个地方非常适合观看南方繁星点点的天空。在四个大型主圆顶前面是较小的辅助望远镜的圆顶。

建造
大型的望远镜

当为望远镜命名时，天文学家往往比较简单直接。他们称大型的望远镜为"大型望远镜"，称非常大型的望远镜为"超大型望远镜"。近年来，这样的大型望远镜给我们带来不少的奇妙发现。因此，人类未来将计划建造更大更强的望远镜。

更大更好

美国和加拿大希望在夏威夷岛上的冒纳凯阿火山建造一个巨型望远镜，其主镜直径为 30 米。欧洲也想要建造一个更大的望远镜，欧洲极大望远镜（E-ELT）将有一个直径39 米的主镜，但是它不再是由一块镜子组成，而是由多个较小的镜片组成。其实人们最初计划的是一个直径 100 米的望远镜，命名为绝大望远镜（OWL），但是这种望远镜费用高昂，而且花费时间太长，因此改为建造更快、更小的版本。

未来的天文学

借助这些新型的巨型望远镜，我们可以探索遥远行星系统中类似地球的行星并观测恒星表面。另外，天文学家可以更好地研究宇宙早期的遥远星系。

大双筒望远镜

大双筒望远镜（LBT）是一个巨大的双筒望远镜，有两个直径 8.4 米的主镜，它们一起收集的光线相当于一个直径为 11.8 米的单个镜子收集的光线。

凯克望远镜

夏威夷冒纳凯阿火山的凯克望远镜 I 和凯克望远镜 II 有直径10 米的主镜，每个主镜由 36 个呈六角形的镜片组成。

甚大望远镜

欧洲南方天文台（ESO）的甚大望远镜（VLT）由四个大型望远镜组成，每个望远镜都有一个直径 8.2 米的主镜。

欧洲极大望远镜

欧洲极大望远镜（E-ELT）建在甚大望远镜（VLT）附近，预计在 2022 年投入使用。主镜由 798 个小镜组成，直径超过 39 米。

詹姆斯·韦伯太空望远镜

哈勃太空望远镜的继任者。主镜不是由一面单独的镜子构成，而是由 18 面六边形的镜子组成。它们一起构成直径超过 6 米的主镜。

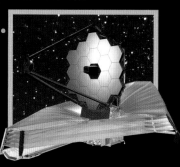

普朗克望远镜

普朗克望远镜从 2009 年到 2013 年测量了宇宙背景辐射（宇宙大爆炸的回声），发现了宇宙年龄为 138.2 亿年。

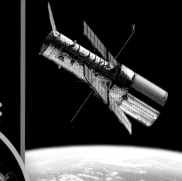

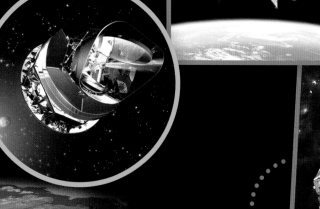

哈勃太空望远镜

最有名的太空望远镜可能是哈勃太空望远镜（HST）。自 1990 年以来，它一直在约 575 千米的高空中绕地球轨道运行。它有一个 2.4 米的主镜。

赫歇尔望远镜

赫歇尔是一台远红外线天文望远镜，配备直径 3.5 米的主镜：这是有史以来为卫星观测而建造的最大的镜片。

英澳望远镜

这个望远镜拥有直径 3.9 米的主镜，于 1974 年投入使用，是第一个观测南半球天体的大型望远镜。

加那利大型望远镜

加那利大型望远镜（GTC）位于加那利群岛的拉帕尔马岛上，由 36 个六角形镜子组成，它们连接在一起形成一个直径 10.4 米的镜子。利用敏感的红外探测器，它可以观察太空中的化学变化过程。

南非大望远镜

南非大望远镜（SALT）有一个直径 9.2 米的大主镜，由 91 个单独的小镜子组成。这台望远镜的优势在于高分辨率光谱仪，星光会被分解成光谱。因此在观测时可以确定恒星的温度和化学成分。

天文学家 的基础知识

宇宙中有四种基本力决定着事物的属性。其中两种力量只能在原子核中发挥作用,所以我们在日常生活中注意不到它们。第三种力是电磁力,第四种是万有引力。

强弱交互

强相互作用将原子核中的基本粒子——带正电的质子和电中性的中子结合在一起,还可以防止带有同等电荷的质子彼此排斥,从而避免核分裂。

弱相互作用导致某些原子发生放射性衰变。

电磁力

原子能够聚集在一起,是因为带负电荷的电子被束缚到带正电荷的原子核上。被描述为电磁波的光不仅可以激发原子,也能激发由几个原子组成的分子。在此过程中,电子会跑到更高的能量轨道上,这种被激发的原子或分子也可以通过电子回落到低能轨道中而发射光子(光量子)。

万有引力

物体质量越大,其引力就越强。这种力使

弱相互作用

这种作用引发了放射性辐射。在这个过程中,不稳定的原子核衰变并发射电子、氦原子核或高能量的 γ 射线。无线电活动在地球上非常常见。

原 子

碳原子的原子核包含6个带正电的质子和6个不带电的中子,6个带负电荷的电子抵消了原子核中的正电荷。

电磁力

闪电放电实际上就是分开的正电荷和负电荷重新结合在一起释放能量的过程。

质子　　中子

电子

地球和其他行星得以保持在一定的轨道上，围绕太阳运行，并维持其球形结构。它使物质聚集在一起，这才得以形成恒星和行星，以及星系和星系团。

电子和带正电的粒子就会分离，这种物质的第四种状态称为等离子体。在恒星内部，温度高达数百万开尔文，物质呈等离子体形式存在。

物质的基本组成部分

化学元素是物质的基本组成部分。物质由不同的原子组成，原子通过原子核中正电荷质子数的不同进行区分。最简单和最轻的原子是氢原子，它的原子核只由一个带正电的质子组成，外面是一个带负电的电子。大多数原子里的原子核和电子是真空状态。原子的化学性质由核外电子的数量决定，种类由原子核中的质子数决定。质子数相同的同位素通过原子核中不同的中子数进行区分，因此，作为氢同位素的氘除了质子外还含有一个中子，再重一些的化学元素氦，其原子核则由两个质子和两个中子组成。如果在宇宙中有 1000 个原子，那么 900 个是氢原子，99 个是氦原子，只有一个较重的原子，如碳、氧或铁。

固态，液态，气态……

物质以固态、液态或气态等聚集态存在。根据温度和压力，物质可以从一种物理状态变化到另一种状态。如果固体冰被加热，它首先融化形成液态水，最后蒸发成气态水蒸气。如果物质被进一步加热，原子里的电子就会飞走，

压力大会导致温度高

天体的质量越大，其中心的压力就越高，而压力越高，温度越高。这与自行车泵类似：当你压缩空气时，充气泵会发热。所以质量大的物体内部会非常热。

温度单位

我们通常在测量温度时采用摄氏度（°C）作为单位，在 0° C 时，水在正常压力下（即标准气压）会结冰，在 100° C 时会沸腾。天文学家通常以开氏温标的单位开尔文（K）表示温度。开氏温标的零点即 0 K，约等于 –273℃，这是绝对零点，没有更低的温度了。在星体中，温度通常达到数百万开尔文。

万有引力

让我们停留在地面的力量。月球表面的重力只有地球的六分之一。这就是为什么 1972 年阿波罗 16 号的宇航员约翰·沃茨·杨（John W. Young）尽管穿着厚重的太空服也能跳得相当高。

强相互作用

利用位于瑞士地下的大型强子对撞机（LHC），研究人员将能量丰富的质子进行加速对撞，希望可以寻找到在宇宙初期发挥重要作用的基本粒子。

大型强子对撞机（LHC）及其巨大的探测器：这些探测设备可能是人类目前为止建造的最复杂的机器。

模范星体: 太阳

太阳是离我们最近的一颗恒星,因此天体物理学家可以非常详细地观察它的表面。对于天体物理学家来说,太阳是一个模范星体,在太阳附近他们可以看到正在发生的事情,并且以此类推得知其他星体正在发生的事情。

发光的气球

像所有在万有引力影响下形成的恒星一样,太阳也是一个球体。因为太阳绕着自身的轴旋转,所以它在两极处稍微变平,在赤道处稍微隆起。由于不断旋转,我们可以看到黑暗的太阳黑子每天都会改变它们的位置,有时甚至会持续数月。太阳黑子是太阳表面温度较低的点。虽然太阳表面的温度大约是 6000 开尔文,但太阳黑子的温度大约要低一千开尔文。在太阳上总会发生巨大的能量活动,比如日珥或耀斑,这些活动会将物质抛入太空,并形成名为太阳风的太阳风暴。

生命的赐予者

太阳距离地球将近 1.5 亿千米,这是一个刚刚好的距离,使液态水和大气得以留在我们的星球上。地球在可居住的距离里绕着太阳旋转。这个可居住的距离不能太冷,也不能太热,因此生命得以持续发展。

日 珥

火舌不断地起来又落回到太阳表面,它们的温度高达 50000 开尔文。等离子体的带电粒子会遵循磁场线运动,其末端从磁极出来或进入磁极。

地 球

太阳的赤道直径约为 1390000 千米,是地球直径的 108 倍。

针状体

针状体是从光球射出的短暂气流。光球是太阳的可见表面，光从那里发出进入太空。针状体看起来像草坪上的草叶或像刷子的刷毛，虽然它们看起来很小，但其直径约 500 千米，高 10000 千米。

速度纪录
8 分 19 秒

如果乘坐现代的客机，飞往太阳需要大约 19 年的时间。但太阳光只需 8 分 19 秒即可抵达地球。

创世纪号宇宙飞船从太阳风中捕获物质。

耀斑

观测太阳

注意：切勿用普通的双筒望远镜或肉眼看太阳！强烈的阳光可能会刺伤人们的眼睛。因此，太阳观察员将太阳的图像投射到屏幕上进行观察。天文学家在地球用特殊的太阳望远镜，在高空中用球载望远镜，在宇宙中用宇宙飞船观测太阳。创世纪号宇宙飞船甚至将太阳风的样本带到地球，其他观测站则通过镜头仔细观察太阳并记录太阳表面上汹涌的湍流。

特内里费岛上的 GREGOR 太阳望远镜

太阳的结构

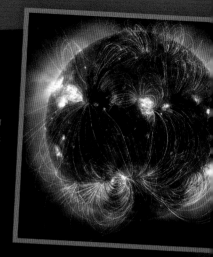

太阳的磁场

白色磁力线出现在特别活跃的地方，并且经常长距离相互连接。图中紫罗兰色的是太阳的外层大气：日冕层。日冕洞会释放出强烈的太阳风。

在太阳的表面上有很多巨大的能量活动，黑暗的黑子会出现并消失，在耀斑爆发时，太阳物质被抛入太空，这些能量是在太阳的核心区产生的。核心区占了太阳半径的四分之一，半径是从球体中心到其表面的距离。万有引力将太阳内部紧密结合在一起，使得其核心比水密度高 150 倍，一立方厘米的水重 1 克，一立方厘米的太阳核心区物质在地球上的重量达到 150 克。核心区中氢核聚变形成的能量通过辐射层和对流层以高能光子（光量子）的形式到达表面，在表面以光和热的形式辐射到太空中。在对流层，热等离子体像巨大的传送带一样不断地翻转，这会产生声波，以振动的方式表现太阳的气体质量。太阳研究人员正是根据这些表面上形成的声波振动得出太阳内部结构的结论，这种方法被称为日震学，就像地震学家通过地震波研究地球内部结构一样。

磁 力

太阳总是在运动。太阳对流层中的热等离子体升到太阳表面并辐射能量，等它冷却就会又降下来，这种移动等离子体意味着移动电荷。在电荷流动的地方就会产生磁场。另外，太阳围绕着它的轴旋转，因为它不是一个固定的球体，它旋转时，不同纬度上的速度也不一样，磁场也就随之旋转。因此，太阳的磁场比地球的磁场复杂得多，并且在不断变化。磁力线在太阳表面一个地方穿出又从另一个地方进入。在磁场线入口和出口处，来自内部的热流会受到阻碍，形成黑子。磁场在太阳能量爆发中，如耀斑和日珥，也起到了作用。

➡ 你知道吗？

太阳不断地向太空发射带电的气体粒子：太阳风。带电粒子通常不受地球磁场影响，但是在磁场线汇合的两极处，粒子进入地球大气层时会发光，这就是极光的由来。

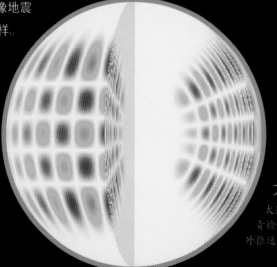

太阳的声音

太阳像一个三维的巨锣一样发出声波。日震学负责检测这些振动。蓝色区域表示声波将等离子体向外推送至 50 千米的区域，红色区域表示表面向内摆动。

光 球

太阳的可见表面。从这里开始，光线沿直线到达地球。

日 珥

这些弧形的"耳朵"由跟随磁场线的等离子体组成。

辐射层

这个区域非常密集，以至于高能量的光粒子在各个方向上呈锯齿形运动，需要长达一百万年才能到达对流层。

对流层

热气上升，辐射能量，较冷的气体则再次沉入深处。我们可以通过水的循环了解这种对流层中的物质流动分布。

核心区

这里的温度高达 1500 万开尔文，压力可能比地球表面高 2500 亿倍。氢原子聚合成氦原子的过程中，能量以 γ 和 X 射线辐射的形式释放出来。

太阳黑子

比太阳表面低约一千开尔文的区域，在较亮的环境中显得比较暗。

米粒组织

米粒组织是从对流层上升到光球的热气团，直径有 100 至 1000 千米大小。在这里物质会随热气上升，冷却后下降。

太阳上的斑点

在大量的米粒组织中分布有黑色的太阳黑子。在这里，太阳的磁场干扰了流向表面的热量。黑子核（本影）比半影温度更低。

色 球

和光球相接的太阳大气薄层。

日 冕

极热的上层太阳大气，温度可达 200 万开尔文。

太阳内的核聚变

阿尔伯特·爱因斯坦认识到质量和能量之间的关系，因此解释了太阳获得几乎取之不尽的能量的原因。

加波施金是美国第一位女性天文学教授。在20世纪20年代，她发现恒星主要由两种最轻的化学元素氢和氦组成。

在 18 世纪中叶从英国开始的工业革命时期，煤炭是主要的能源。那时人们认为太阳也是由煤炭构成的，但是如果真是这样，煤火应该很快就会烧完，而且我们也不清楚煤炭燃烧的氧气来自哪里。太阳无法通过烧煤获得能量，那么太阳究竟从哪里获取能量呢？最初这可是一个大谜团。

太阳物质

用玻璃棱镜将太阳光分解为光谱，可以看到薄而黑的暗线，它揭示了太阳表面和大气的化学元素。暗线显示太阳的主要成分是氢，但是还有一条谱线显示的物质是当时未知的元素。研究人员将这种元素称为氦，用符号 He 来表示，这个名字来自古希腊的太阳神赫利奥斯 Helios。所以，太阳是一个巨大的气体球，主要由氢和氦组成。

质量与能量

由于氢气，太阳已经燃烧了 46 亿年。能量在太阳核心区通过氢核聚变成氦产生。每秒约有 5.5 亿吨氢转化为氦。

世界著名的物理学家阿尔伯特·爱因斯坦在 1905 年发布了世界上最著名的质能公式 :$E = mc^2$，能量等于质量乘以光速的平方。由于光速是一个很高的值（大约 300000 千米 / 秒），所以小质量物体的转换也能产生巨大的能量。

比如四个氢原子核聚变成一个氦原子核时，部分质量被转换成能量，就使得太阳发出闪耀的光芒。

核聚变

我们在地球上只受到一个大气压力，意味着地球的大气在海平面上以每平方厘米 1 千克的重量压在我们身上。在太阳中心，压力估计为 2500 亿个大气压，因此物质被压缩在一个很小的空间。另外，在 1500 万开尔文的温度下，原子温度很高，原子分裂成带正电荷的原子核和带负电荷的电子，电子飞快地运动。通常，带正电荷的原子核相互排斥，但在太阳的中心，原子核被挤压得非常紧密，它们足够接近以便彼此融合。因此核聚变是太阳和所有其他恒星能量产生的谜底。

➡ 能量纪录

1000 亿

太阳每秒产生的能量相当于 1000 亿吨炸药爆炸时释放的能量。

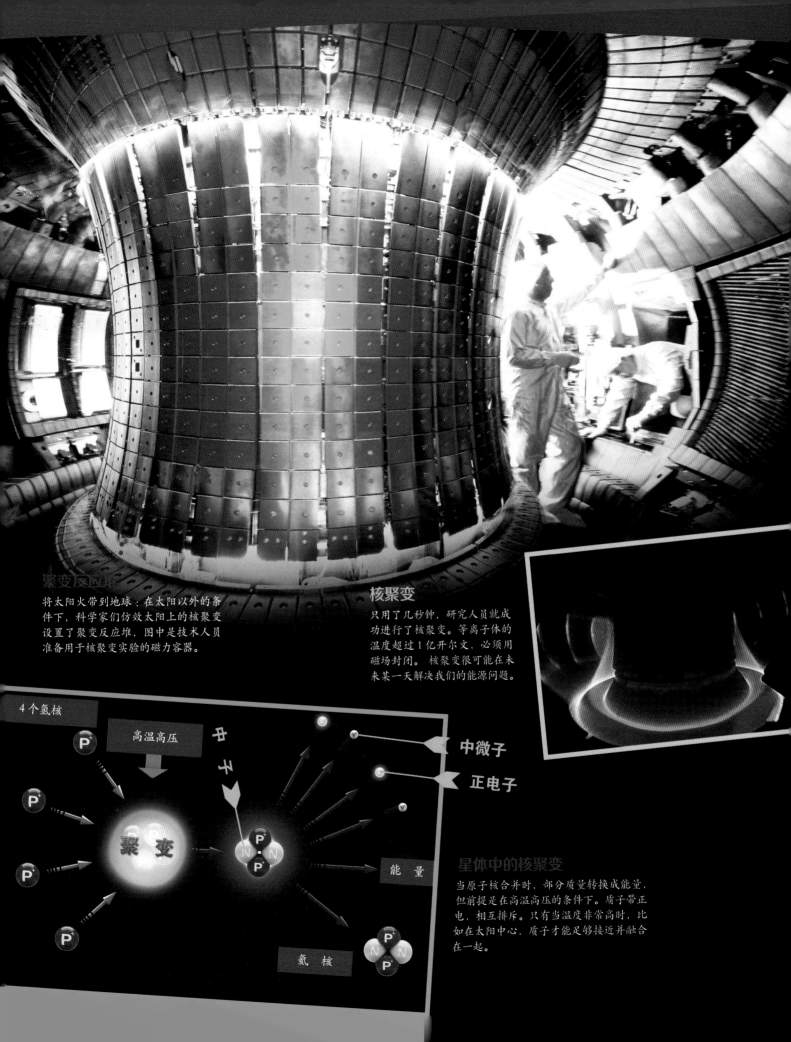

聚变反应堆

将太阳火带到地球：在太阳以外的条件下，科学家们仿效太阳上的核聚变设置了聚变反应堆，图中是技术人员准备用于核聚变实验的磁力容器。

核聚变

只用了几秒钟，研究人员就成功进行了核聚变。等离子体的温度超过 1 亿开尔文，必须用磁场封闭。 核聚变很可能在未来某一天解决我们的能源问题。

4 个氢核

高温高压

中子

聚变

P⁺

N N
P⁺

中微子

正电子

能量

氦核

N N
P⁺

星体中的核聚变

当原子核合并时，部分质量转换成能量，但前提是在高温高压的条件下。质子带正电，相互排斥。只有当温度非常高时，比如在太阳中心，质子才能足够接近并融合在一起。

什么是恒星？

像太阳一样，其他恒星也是明亮的气体发光球，通过核聚变产生能量。星体的大小、温度、颜色和化学成分各不相同。

给星体分类

天文学家和天体物理学家不能把星体带到实验室进行实验。他们所知道的关于星体的一切都是从它们发出的光那里分析得来。100 多年前，两位天文学家各自给恒星分类，将它们整理在一张图中，其中一位研究员是亨利·诺利斯·罗素，另一位是艾依纳尔·赫茨普龙。他们通过光度和颜色来分类，因为通过颜色可以衡量恒星表面温度。

赫罗图

将尽可能多的恒星整合到一张图上是一项很辛苦的任务。温度高的在左边，低的在右边；亮度较强的在上面，而较弱的在下面。每颗星都在这张图中占有一席之地。在图中恒星不是均匀分布的，而是遵循一种模式，主星序从左上到右下拉伸。在主星序上面和下面有一些星星比较密集的区：红巨星、红超巨星和蓝超巨星在主星序右上方，主星序左下方是白矮星。赫罗图（HRD）是天文学家的重要工具，该图显示了不同生命阶段的恒星，有助于了解恒星在宇宙中是如何发展的。

红超巨星

当氢燃烧结束，氦开始燃烧时，大质量的恒星会膨胀成红超巨星，其燃烧壳层可以扩大到太阳直径的 1000 倍以上。

蓝超巨星

巨大的蓝超巨星，如猎户座里的参宿七，它燃烧的温度非常高，是宇宙中最亮的恒星之一。

巨 星

红巨星毕宿五是太阳大小的 43 倍，白巨星老人星甚至是太阳的 71 倍。红超巨星参宿四约是太阳大小的 1000 倍，红特超巨星造父四（仙王座 μ）甚至是太阳大小的 1420 倍。

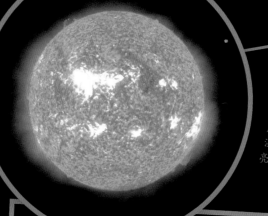

太 阳
毕宿五
柱一星
老人星

造父四

参宿四

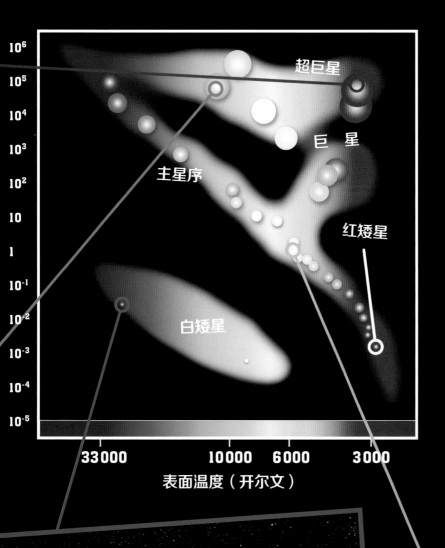

10^6
10^5
10^4
10^3
10^2
10
1
10^{-1}
10^{-2}
10^{-3}
10^{-4}
10^{-5}

相对于太阳的光度（太阳光度＝1）

超巨星

巨　星

主星序

红矮星

白矮星

33000　　10000　6000　　3000

表面温度（开尔文）

从巨星到矮星

　　天文学专家都非常熟悉赫罗图（HRD），图中恒星根据表面温度（颜色）和相对于太阳的光度排列，温度较低的星星闪耀红色，温度高的星星呈蓝白色，在核心区中发生氢核聚变的恒星位于主星序上，太阳就是其中之一。由于内部压力与重力相对平衡，主星序上的星星燃烧相对均匀。低质量的红矮星表面温度低，燃料消耗缓慢；表面温度高的大质量恒星则在主星序的蓝色端，当其燃料消耗完时，恒星离开主星序并根据质量不同成为巨星或超巨星。主星序下面是白矮星，它们是中型恒星的晚期阶段，非常像我们的太阳。赫罗图中的恒星处于其生命的不同阶段。

黄矮星

太阳是一个相对小而且质量低的中等亮度的主序星，其中心氢核聚变为氦核。有些恒星的质量是太阳质量的100倍以上，有些只有太阳质量的十分之一。

白矮星

白矮星属于演化到晚年期的恒星，慢慢冷却。当红巨星衰弱时，就会产生白矮星。

恒星的诞生

创造之柱

图中三个"创造之柱"是跨越了几光年的气体和尘埃云，它们只是更大的鹰状星云的一小部分，位于我们银河系的其中一个螺旋臂中。鹰状星云是一个恒星的形成区域，"创造之柱"是新恒星形成的密集区。

恒星看起来永生不朽，但它们的生命都是有限的。恒星诞生后发光发亮，当燃料用完时，它们的生命也就结束了。恒星的诞生和死亡都是一件大事。

恒星由大量的气体和尘埃云组成，其中大部分由氢气和氦气组成，小部分由碳和其他少量元素组成。自身的引力使云层分崩离析，细小的颗粒慢慢形成更大的颗粒和物块，直到形成巨大的物质球，它的核心区不仅高压，温度也高达几百万开尔文，因此带负电荷的电子会从带正电荷的原子核脱离。这种特殊的物质状态也被称为等离子体。

恒星初期

物质球体的质量增加，中心的压力和温度也继续增加。在大约 1000 万开尔文时核心区就会点燃着火。在高温下，带正电荷的氢原子核中的质子飞快地运动。通常情况下，同种电

恒星诞生

气体和尘埃物质凝聚成新的星系：大多数质量被新星吸收，在新星周围，一些小得多的物体会形成围绕新星运动的原行星盘，其中的物质聚集形成较大的物体，最终形成行星和卫星。

不是恒星，也不是行星！褐矮星的质量太小，无法发生氢核聚变。

食双星：双星相互绕转彼此掩食时，我们只能看到更少的光线。

→ 你知道吗？

有两种力量决定一颗恒星的生命过程：万有引力和内部压力。万有引力或重力促使恒星向里压缩，而内部压力是核聚变的后果，它会使恒星膨胀甚至爆炸。如果两个力平衡，恒星就均匀燃烧。只有当燃料耗尽时，这两种力才变得至关重要！

内部压力

万有引力

荷质子相互排斥，但现在它们如此快速而高能地运动，以至于在相撞时可以彼此靠近并最终融合在一起，原子聚变从氢原子核（质子）逐渐融合到氦原子核开始。在这种融合中，质量的一小部分转换成能量，变成可见光和其他电磁辐射。只有从聚变火焰被点燃并产生能量的那一刻起，才能说一颗恒星诞生了。

质量起决定作用

新生恒星有很多种颜色，它们的表面可能呈现蓝色、白色、黄色或红色，红星比白星温度低，蓝星温度特别高。恒星的表面温度以及发光的颜色取决于其质量有多大。一颗恒星的质量越大，就越亮、越热。

双星或更多

太阳是一颗没有伴星的恒星，大多数恒星属于由两颗、三颗或更多颗恒星组成的系统，这些多颗恒星由相同的气体云组成，彼此相交环绕。最常见的是双星系统。

褐矮星

恒星是通过将较小的原子核聚变为较大的原子核，同时将一些质量转化为能量的天体，它们自己会发光。那些比恒星小得多、质量较小的行星是围绕恒星旋转的天体，不会自己发光，只能反射中心恒星的光。

而褐矮星是一种类恒星。它们有 13 到 80 个木星那么重，比最大的行星更重。尽管如此，质量还不足以将质子融合，并形成氦。不过其内部发生着另一种更罕见的、更弱的聚变反应，涉及稀有的氢同位素氘。同位素是质子数一样，但中子数不同的化学元素。与氢相比，除相同的一个质子外，氘的原子核多了一个中子。

由于褐矮星非常黯淡，所以很少能够用红外望远镜直接观测到，但在宇宙中，它们可能比所有的恒星都更常见。

气体和尘埃

一切的开始：一团气体和尘埃在一些地方凝结。

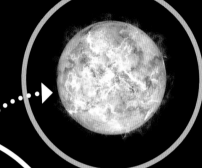

恒星诞生

物质在引力作用下聚合，变得越来越热。大约 1000 万开尔文时，星体核心区开始出现核反应：氢核聚变成氦核。一颗新的恒星诞生并将燃烧数十亿年，一颗恒星大约 90% 的生命都在核聚变中燃烧。

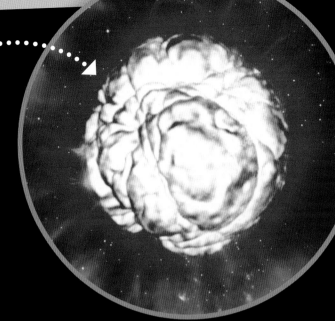

红巨星

当中心的氢气供应最终耗尽并形成氦核时，氦核周围的壳层中继续发生氢聚变。同时，恒星的外层膨胀，形成红巨星。

矮星生命更长

天文学家可以观测不同的恒星，观察其生命过程的发展。所有的恒星都会在其生命尽头膨胀，但除此之外发生的事情取决于恒星的质量。超过八倍太阳质量的巨大恒星燃烧得特别热，燃料消耗快速，仅发光几百万年。像我们的太阳这样的质量较低的恒星在燃料方面更节约，太阳已经发光 46 亿年，而且至少会继续燃烧这么长时间。红矮星是质量最小的恒星，其质量不到太阳质量的一半，也是寿命最长的恒星，它们的预期寿命超过 100 亿年，甚至可能高达几万亿年。但是因为宇宙目前才 138 亿

年，我们现在还没发现一颗消亡的红矮星。因为这些低质量的新恒星不断在恒星形成区域形成，所以红矮星是宇宙中最常见的恒星。

恒星如何消亡

质量不仅决定了恒星的寿命，还决定了它的命运。那些低于八倍太阳质量的恒星最终会剧烈地膨胀。由于内部活动发生变化，恒星的亮度和表面温度也会发生变化。当一颗恒星核心区中的氢消耗完毕，壳内的聚变反应会继续在原子核周围进行，正因为如此，恒星的内部

行星状星云

中心的压力和温度升高，氦首先融合成碳，然后融合成氧。在这个阶段，恒星开始脉动：有时变大，有时变小。最后，它将自己的气体外壳推入太空：这是一种可以产生新恒星的材料。

白矮星

白矮星是最后残留下来的恒星核心区，它不产生能量并慢慢冷却下来。

升温，恒星膨胀变大，表面积增加，表面温度下降，变成了红色，而核心区温度会上升到 1 亿开尔文。一旦氢核全部融合成氦核并释放出能量，氦核会继续融合成为较重的元素碳和氧。质量大的恒星甚至可以通过融合形成化学元素铁。

与太阳相似的恒星会先成为一颗红巨星，最终抛射它的气体外壳，形成行星状星云，它是一种气体云，由剩下的仍在发热的核心照亮。成为白矮星之后其内部不再产生能量，它慢慢冷却下来，几十亿年后变成了一颗看不见的黑矮星，一个相当不起眼的结局。

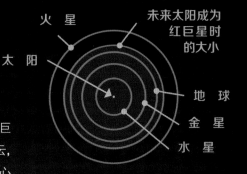

火星

太阳

未来太阳成为红巨星时的大小

地球

金星

水星

如今，太阳直径接近 140 万千米，但太阳会膨胀成红巨星，甚至可能会延伸到地球轨道。

宇宙中的烟雾

螺旋星云 NGC 7293 的诞生是因为一颗类似太阳的恒星抛射了它的气体外壳。中间剩余的物体形成白矮星。我们的太阳未来也会产生类似的行星状星云。

未来温度会很高

地球生命的结束：太阳开始膨胀成红巨星，蒸发掉地球上的水，这个情况可能发生在大约 8 亿年后。最终，太阳会吞食水星和金星，并有可能扩展到今天的地球轨道，这个情况大约 50 亿年之后会发生。

白矮星

巨星消亡得更快

SN 1987A

恒星消亡

超新星 SN 1987A：16.3 万年前，一颗巨大的恒星在银河系的伴星系大麦哲伦星云中爆炸，爆炸的光线直到 1987 年才到达地球。

拥有超过八倍太阳质量的恒星在生命最后阶段会非常壮观。这些巨大的恒星燃烧得非常热，生命很短暂。燃料快速消耗，在其生命周期结束时，核心区形成铁芯。核聚变不能形成比铁更重的元素。如果没有能量产生，重力会占主导地位，恒星会在几秒钟内坍塌。塌缩之后是爆炸：它抛射外壳气体，并在几天内释放出相当于太阳百亿年所释放的能量。这样的超新星爆炸在短时间内比拥有数十亿颗恒星的星系更加明亮。

超新星很罕见……

自从 400 年前发明望远镜以来，在我们的星系中没有观测到一颗超新星爆炸。但是我们总能看到其他星系中的恒星爆炸。1987 年，我们在银河系附近的大麦哲伦星云中观测到一颗超新星，这颗超新星的名字 是 SN 1987A——SN 代 表 Supernova（超新星），1987 年是发现的年份，A 是字

点燃星体核聚变

大量物质聚成恒星时，虽然可获得更多燃料，但核聚变使温度上升，消耗燃料速度也会变快。在一颗具有 20 倍太阳质量的恒星中，核心区的氢核聚变大约在一千万年后就停止。

超巨星

现在氦原子核开始聚合，恒星成长为超巨星。在其核心，越来越多的聚变反应被点燃，产生碳、氖、氧和硅。核心区温度高达 20 亿至 30 亿开尔文，即使是硅核也会聚合成铁核。

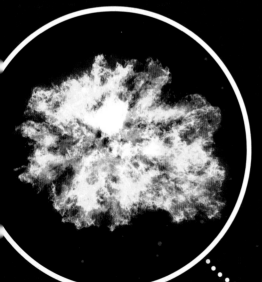

气体和尘埃

气体和尘埃云在不同的位置变密集就形成了原恒星，这是恒星的前身。

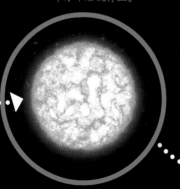

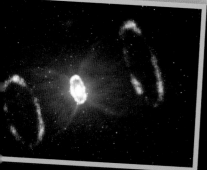

23 年后

这是那场恒星爆炸留下的：SN 1987A 的遗迹是被研究得最多的天文物体之一。

垂死挣扎

海山二星被侏儒星云包围，接近其生命尾声。巨大的能量将大型气体和尘埃云撕开。作为一个拥有 100 到 120 倍太阳质量的大质量恒星，它很可能会以巨大的超新星的形式爆炸，并最终成为黑洞。

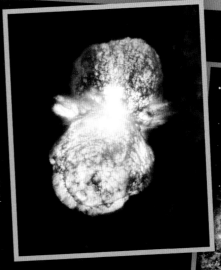

剩下的遗迹

1054 年，中国天文学家在这看到了一颗明亮的超新星。这个在爆炸期间被喷射出来的超新星气壳，我们称为蟹状星云。

母表的第一个字母，意味着是当年观测到的第一颗超新星。但历史上，有不少关于银河系超新星的记录（所以认为有很多超新星）。今天我们看到的一片热气云正是几百年前恒星爆炸的地方。

产生极端物质

爆炸星体的残余物塌缩成为中子星或恒星黑洞。一颗中子星有一颗恒星的质量，但只有一座城市大小，如此紧密的压缩使其中的质子和电子转换成中子。针头大的中子星物质比一艘大型客船具有更大的质量。当一颗特别巨大的恒星塌缩，聚集成一个点时，就会产生恒星黑洞。由于黑洞的引力非常强，连光线都不能逃离，所以我们不能直接看到黑洞。

宇宙循环

恒星中的聚合反应不会产生比铁更重的化学元素。只有在超新星爆发中释放出中子，这些中子被原子核捕获，才有可能产生更重的化学元素。被抛射的气体云会形成新的恒星和行星。我们的存在应该归功于这种宇宙循环。

中子星

剩下的是一个非常紧凑的中子星，它的密度如此之高，以至于带正电的质子和带负电的电子会转化成中子（电中性粒子）。我们可以通过短暂且周期性的无线电闪烁认识到快速旋转的中子星。

超新星

核聚变到铁就结束了。能源生产陷入停滞，在几分之一秒内，核坍缩成直径仅 1 至 30 千米的球体。冲击波将外层气体射到太空中。这颗恒星作为超新星爆发，在它所属的星系中发出明亮的光。

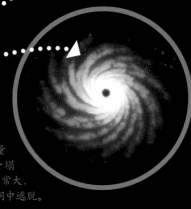

黑洞

如果超新星爆炸的剩余部分比三个太阳质量还要大，那么它就会塌陷成黑洞。它的引力非常大，即使光线也不能从黑洞中逃脱。

行星状星云

包括太阳在内的低质量恒星在它们的生命尽头都会失去能量来源,开始脉动并抛射它们的气体外壳,于是产生了行星状星云,剩下的较小炙热核心被称为白矮星。新形成的白矮星温度高达 30000 至 200 000 开尔文,它们强烈的紫外光使气体层的原子发出耀眼的光。

行星还是星云?

当天文学家刚开始用望远镜发现这些天体时,他们看到了圆形的雾状体,这些形状让他们想起了行星。事实上,行星状星云不是行星,而是气体云。

宇宙美景

行星状星云经常出现多次爆发,形成奇怪的结构,如球形气泡一样有多重外壳。在不同时间喷射的气体相互反应并相互影响而变形。各个气体区域的密度、气体云团的喷射速度以及行星和伴星,都会影响行星状星云的形状和外观。

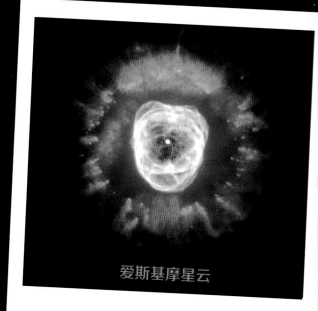

爱斯基摩星云

爱斯基摩星云让人想起戴着厚厚的毛皮帽子的因纽特人(旧称爱斯基摩人)。爱斯基摩星云起源于大约 10000 年前,距离地球大约 5000 光年。

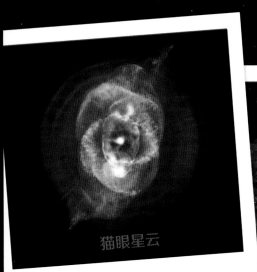

猫眼星云

其中心可能有一个双星系统,塑造了这些奇特的喷柱和绳结结构。

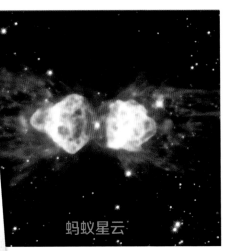

蚂蚁星云

跨度 1.5 光年,由伴星或垂死的恒星的复杂磁场形成。

沙漏星云

好像沙漏在星座中运动。当快速运动的气团赶上先前抛射出的气体外壳时,会出现这种奇怪的形状。

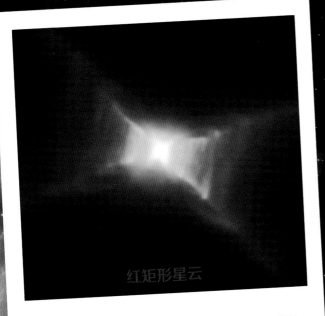

红矩形星云

红矩形星云看起来像是一块被切割的宝石。明亮的梯级结构表明气体的爆发间歇性进行。每隔几个世纪就会有另一种气体脉冲出现。

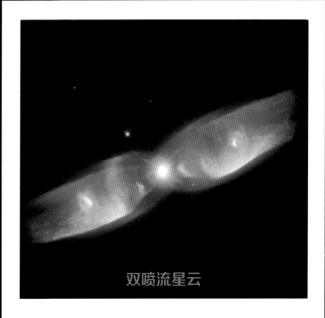

双喷流星云

气团朝两个方向喷出：它之前可能是一个双星系统，其中伴星影响了星云的形状。物质以每小时 72 万千米的速度进入太空。

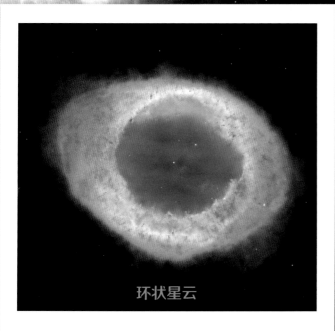

环状星云

中心的白矮星发出强烈的紫外光，激发氦原子发出蓝光。绿色环由被激发的氧原子产生，外部红色边缘来自氢和氮原子。

蝴蝶星云

这个宇宙蝴蝶跨度超过两光年。气态的翼状气流从中央物体高速流出。白矮星的表面温度高达 222000 开尔文，并辐射出紫外线。

寻找第二个地球

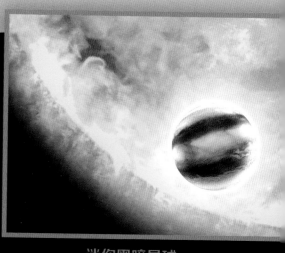

迷你黑暗星球

系外行星 HAT-P-7b 是一颗气体行星，每隔 2.2 天围绕恒星 HAT-P-7a 旋转一圈，所以没什么光线到达地球。它的质量几乎是木星的两倍，表面温度超过 2000 开尔文。这个球不是一个适合居住的地方。

很长一段时间以来，没有人知道，太阳系之外是否有其他行星围绕着其他恒星运动，即所谓的太阳系外行星或简称系外行星。1992 年，人们发现第一颗系外行星，自那之后观测方法变得更加先进，后来又发现了数百个系外行星。前两个被发现的行星围绕着一颗名为 B1257+12 的脉冲星运行。这颗脉冲星是超新星爆炸形成的：作为一颗快速旋转的中子星，发射出强烈的辐射。因此那里应该是一个难以维持生命的地方。1995 年发现了第一颗有行星围绕、类似于太阳运行的恒星：飞马座 51。

发现行星

系外行星很难找到。它们很小，而且离恒星很近，被其光芒完全掩盖，只有在少数情况下可以直接拍摄系外行星。但通过反复分析恒星光谱可以发现许多系外行星。由于行星和恒星围绕共同的重心旋转，所以恒星有时会远离

行星猎人

从 2009 年至 2013 年，太空望远镜"开普勒"一直在寻找系外行星，它看到大约 190000 颗恒星。当一颗行星经过它的恒星时，开普勒记录的光线波动会出现明显变化。利用这个方法，"开普勒"发现了 900 多颗系外行星，包括一些位于可居住区的行星。

HR 8799b

这就是从假想的卫星上看到 HR 8799b 行星的样子。人们想象出这样的卫星和带有小卫星光带的星球。今天天文学家们已经在寻找这样的系外卫星。即使卫星也可以有生命！

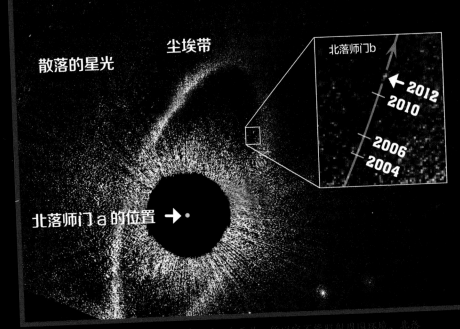

散落的星光　　　尘埃带

北落师门b

2012
2010
2006
2004

北落师门 a 的位置 →

在这张照片上，恒星北落师门 a 被蒙上了一个面具，所以它不能照射周围环境。北落师门 a 被一个尘埃带包围，行星北落师门 b 在其内部环绕。人们甚至可以看到自 2004 年以来这颗行星行走了多远。要环绕一圈，北落师门 b 需要 872 个地球年。

地球上的观测者，有时会靠近他们，这在光谱中的表现很明显。典型的吸收线呈周期性变化，波长有时变低有时变高。有了这个所谓的多普勒效应，我们就可以间接检测到系外行星。系外行星有时会显示亮度变化，很微弱但有规律。每当行星在恒星前移动时，恒星亮度都会略微下降。

第二个地球

大多数先前发现的系外行星要么是气体巨星，要么是离恒星非常接近，生物无法在这个星球上生存。只发现了少数几个系外行星与地球差不多大，与其围绕的恒星也保持一定的距离，天体生物学家称之为可居住区。在这些星球上有液态水，也许存在着生命，甚至更高级的生物。到 2024 年，欧洲航天局将发射太空探测器"柏拉图"去发现更多的系外行星。"柏拉图"也在寻找像地球一样的岩石行星。

在开普勒 –186f 上有生命吗？

系外行星开普勒 –186f 和地球差不多大。它于 2014 年被发现，是红矮星开普勒 –186a 周围行星系统中已知的第五颗也是最外边的行星。开普勒 –186a 是开普勒太空望远镜发现的有系外行星的第 186 颗恒星：a 是该恒星的名字，行星按字母顺序标记为 b, c, d ….现在天文学家想利用更灵敏的望远镜研究系外行星的大气，也许他们会在系外行星上发现生命的化学痕迹。

科学家推测，行星开普勒 –186f 在开普勒 –186 系统的可居住区内移动，那里可能有地球上的液态水，也可能有生命。

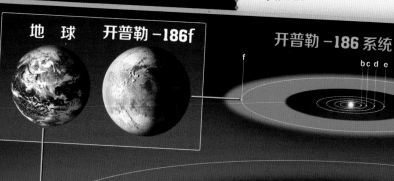

地球　开普勒 –186f

开普勒 –186 系统

f

bc d e

太阳系

地球　金星　水星

宇宙恒星专访

宇宙是神秘的，充满了各种奇怪的天体类型。数十亿的星星在其中徘徊：有温度特高的，也有不太高的，有些发光较弱，有些很亮。我们的银河记者走访了其中三个并分别进行了采访，它们是：双胞胎恒星 HD 93129 A 和 HD 93129 B 以及比邻星。

名称： HD 93129 A 和 HD 93129 B

性格： 发热燃烧体

爱好： 变大和消耗能量。

哎呀，你们太重了！

A：我是 HD 93129 A，这是我的双胞胎弟弟 HD 93129 B。

B：弟弟？怎么听起来怪怪的？我的质量至少是太阳的 80 倍。

A：但我至少有太阳质量的 120 倍！

而且你们也很亮。我把太阳镜都带来了。

A：我目前的光度超过三百万个太阳。

B：而且我们燃烧中发蓝光，真的很热。

A：表面温度约 50000 开尔文。嘶！这方面红矮星就比不上了。

之后我打算去拜访比邻星，它是质量不太大的红矮星。

A：你想从吝啬鬼那里得到什么？

B：它非常小气，燃烧程度只有我们的一半！哈哈哈。

红矮星很古老了，但是对你们来说……你们的未来会是什么样子？

A：嗯，还可以燃烧一百到二百万年……然后我们也会……变成红色。

B：红超巨星！我们将变得非常非常大！

比你们现在更大？

A：没错！但那只是开始，这将是一个巨大的变化。然后我们会成为一个新的物体：超新星。

B：然后变成黑洞等等……

几百万年后就结束了？你们还没好好地了解过宇宙。

B：呃，我们还没有看到过很多东西。

A：别听他的，他只是想吓唬我们。那是非常好的……黑洞很棒……啊，我已经感觉到我身体内正发生一些事情。

你的意思是，现在就已经开始演变了？

A：谁能知道确切的时间呢？

那么我就不打扰你了。

再见，希望你们"膨胀"顺利！

名称：比邻星
性格：冷漠吝啬
爱好：节省，节省，节省。经常变换光度。

你身上的橙红色很美丽。

谢谢！这也是我最喜欢的颜色。我爱红色。

**你更多的是一颗小小的、质量小的恒星。
毕竟，太阳质量是你的八倍。**

我是一颗红矮星。但我有足够的质量成为一颗真正的恒星，而不是那些甚至不能正常燃烧的褐矮星。

据说你比较吝啬？

你是听那两个坏蛋说的吧？我和你说，它们将很快失去能源，我只是在节省燃料。

你就是比邻星，经常听到你的名字呢！

因为我是距离太阳系最近的恒星啊。直接叫我小邻吧，我们是邻居嘛。

小邻你并不孤单。在你身后那两个是谁？

它们是半人马座 α 星 A 和 B，我在它们之间，你可以说我们是一个三星系统。

你不是一个非常热的恒星。

你可以说，我很冷！3000 开尔文的表面温度对我来说已经足够了。我也没有必要夸大，这是我活得更久的原因。

你对未来有什么计划？

我已经预估到，我将至少有四万亿年的生命。我会看到宇宙的演变。最后，我会膨胀，悄然变成白矮星，然后我又会炽热起来……过程很漫长。

你还有另一个名字：半人马座 V645。你怎么得到这样一个名字？

V 代表变星。我有时明亮，有时黯淡，我是半人马星座中发现的第 645 颗变星。
这就是为什么我又叫半人马座 V645。

**祝你继续发出漂亮的光，
同时非常感谢你富有洞察力的谈话！**

银河系和
其他星系

我们的家园银河系只是宇宙中可见的 1000 多亿个星系中的一个，一些天文学家甚至假设至少有 1250 亿个星系。银河系是一个螺旋星系，由 2000 亿颗，也许是 4000 亿颗恒星组成。它的直径为 10 万光年，只是一个普通大小的星系。还有些星系更大。

矮星和巨星

矮星系的大小只有几千光年，只包含一千万颗甚至更少的恒星。相比之下，大型星系的直径可以达到 30 万光年，包含一万亿颗恒星。一万亿是一百万个一百万啊，或者是在 1 之后写十二个零：1000000000000。在大多

M102

M102 是一个透镜状星系。尘埃云围绕在稍微拱起的核心周围。

漩涡星系 M51 是一个螺旋星系。较小的相邻星系可以与它接触，在这种星系碰撞中，新的恒星诞生于气体和尘埃云中。

M87

M87 是由于与相邻星系 M81 接触而形状不规则的椭圆星系。

M104

草帽星系是一个由 2000 多个球状星团包围的螺旋星系。

引人注目的是棒旋星系 NGC 7479 的核心，它由气体和尘埃组成。弯曲的形状让人联想到问号。

数螺旋星系的中心，甚至可能是在所有星系中，都有一个超大黑洞。银河系中心的黑洞质量相当于三百万至四百万个太阳。

不规则的星系

大约四分之一的星系没有特定的、可识别的形状。这些不规则的星系是一群无序的恒星。它们很小，包含的星星相对较少，但是气体和尘埃云量较大。这些星系通常由两个星系碰撞产生，形状也受此影响。在这样的星系碰撞中，会形成恒星，因此在这些星系中也有年轻、炎热、蓝色的闪亮星星。

伴星系 NGC 5194

椭圆星系

有些星系是完美的球体，有些则是扁平的椭圆形。然而，这些椭圆星系几乎没有结构特征。它们由相对较老的恒星组成，只含有少量气体和尘埃，因此在这些星系中比较少形成恒星。

带旋臂的螺旋星系

螺旋星系类似于烟花轮。它们由明亮的核球组成，外面包围着由星星、气体和尘埃云组成的圆盘。从星系核心似乎延展出螺旋臂。即使是螺旋臂之间的较暗区域也有恒星。螺旋臂很好辨认，因为这些密集地区有很多气体，而且不断形成新的恒星，这些年轻的恒星特别明亮。螺旋星系被老年恒星的光晕围绕着。星系晕是一个星系周围的球状区域，由广泛分散的恒星和球状星团中的恒星组成。

在带螺旋臂的螺旋星系中，螺旋臂从一个条形中心延伸。

透镜状星系

透镜状星系也称为纺锤星系。它们没有螺旋臂，由中央隆起的年老的恒星和年轻的恒星圆盘组成。

爱德文·哈勃（1889—1953）

爱德文·哈勃在 20 世纪 20 年代研究了宇宙深处的星系。他第一次意识到不同的星云星系与我们的银河系其实很相似。1929 年，他发现宇宙膨胀时，星系会彼此远离。哈勃太空望远镜就是以他的名字命名。

球状星团 M13

球状星团 M13 是我们银河系的伴随星系，由 400 万颗恒星组成。它距离我们 25000 光年，直径 170 光年。M13 绕银河系一圈需 1 亿年。银河系有大约 180 个这样的星团。

宇宙碰撞

　　星系通常相隔数百万光年，但有时它们会靠得很近，相互渗透甚至融合在一起。星系会改变它们的大小、质量和形状，也会改变其类型。这种碰撞听起来很剧烈，但很少有恒星会相互碰撞，因为恒星之间的距离很大。

　　通常质量大的星系的重力会占优势，在此期间，螺旋臂被撕裂，气体和尘埃云会凝结，导致星系崩溃并引发许多新恒星诞生。

这是宽边帽还是什么？！

　　螺旋星系 ESO 510-G13：从侧面看，其边缘是扭曲的。可能是因为有个星系刚好在旁边经过。另一种解释是：一个较大的星系刚吃了一个较小的星系。在这样的碰撞或合并中，气体云被压缩并形成新的恒星，使得圆盘外有许多大型而年轻的蓝色恒星出现。

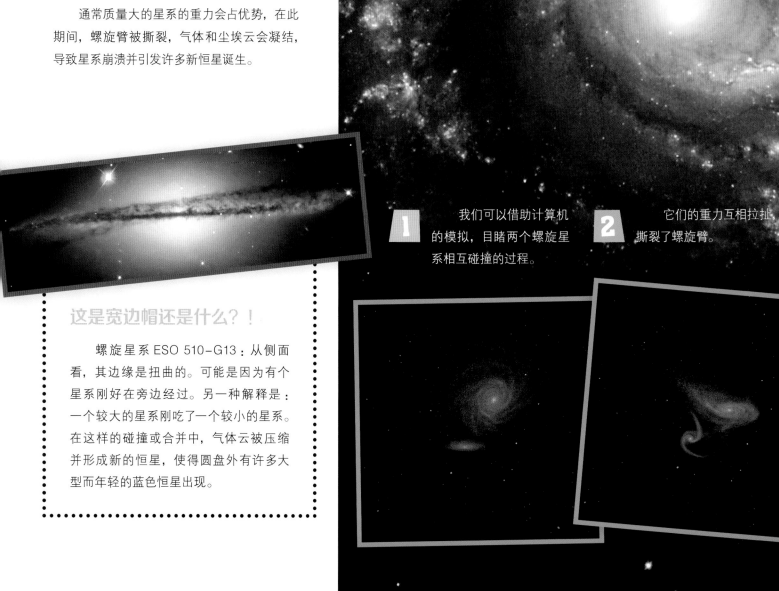

1 我们可以借助计算机的模拟，目睹两个螺旋星系相互碰撞的过程。

2 它们的重力互相拉扯，撕裂了螺旋臂。

银河相遇

　　NGC 2207（左）捕获较小的 IC 2163，这两个星系需要再花费十亿年的时间才能合并成一个更大的星系。我们的银河系在三四十亿年内也会有类似的命运。它将与邻近的仙女座星系结合，重力会扭曲两个星系，直到它们合并成一个椭圆星系。现在这个未来的星系已经有了一个昵称：Milkomeda，即银河系（Milky Way）和仙女座星系（Andromeda）的英文合称。在碰撞中，我们的太阳可能会和其他许多恒星一起投射到太空中，然后围绕新形成的星系 Milkomeda 的核心运动。

带来深远影响的飞行

　　大约 5 亿年前，螺旋星系 M81（不在图中）掠过了不规则的"雪茄星系"M82，这次相遇导致了 M82 气体云中新星的形成。这两个星系通过引力相连，并将在几十亿年内结合成一个大星系。

3 　星系多次自我绕行，然后彼此接近。在星系的融合中，螺旋臂逐渐消失。

4 　星系越来越近并且融合。两个星系核结合形成一个大核。

5 　在五亿到十亿年内，两个螺旋星系形成一个椭圆星系。

黑 洞

黑洞是宇宙中最常见最神秘的地方之一。中小型黑洞是超新星爆炸的遗迹。据估计，仅银河系就有超过1亿个这样的恒星黑洞。它们的引力非常大，可以吞下所有靠近它们的物质。因为没有光可以逃脱，所以它们不能直接被观察到。但是当黑洞是双星系统的一部分时，它们的巨大引力就会凸显出来。

质量超大的黑洞

在大多数螺旋星系的中心是巨大的黑洞。黑洞本身不能被直接观察到，但邻近黑洞的恒星在高引力影响下的运动揭示了这些黑洞的存在，所以天文学家跟踪了这些恒星在银河系中心黑洞周围的位置变化。他们得出结论，这个黑洞的质量相当于三百万到四百万个太阳。在其他星系中，可能有数十亿倍太阳质量的黑洞。

活跃的星系

我们的星系是一个相对比较安静和舒适的地方。其他星系更加活跃，这些星系辐射的能量比其内部所有恒星辐射的能量更大。能量来自其中心存在的超大质量的黑洞。恒星和其他物质围绕着这个黑洞旋转，如果它

们靠得太近，就会被黑洞吞噬。流入的物质在黑洞周围形成圆盘形的环，在圆盘两侧边缘上也有物质被投射到太空中。天文学家区分了四种类型的活跃星系：射电星系、耀变体、类星体和赛弗特星系。所有四种类型的活跃星系可能都是同一类型的物体，我们只看到它们不同的外观。在射电星系中，我们看到物质的边缘，在耀变体中直接看到两个极点中的一个，在类星体和赛弗特星系中，我们以斜角方式看到活跃星系。

警 告!

在任何情况下，你都不应该像宇航员那样靠近黑洞。任何接近它的人都会面临被面条化的危险。一个把脚伸进黑洞的宇航员，他的脚会首先被拉长，因为脚上的重力比稍远一些的头部要强。他会被拉伸成好几千米长，变得非常薄，类似意大利面条。最后，宇航员会被撕裂并转化为其元素组成部分。没有人知道这是怎么回事，因为我们无法看到黑洞。所以，最好避开它！

面条化
专家们仍然在争论宇航员
太接近黑洞时究竟会发生
什么。一些天文学家甚至
怀疑黑洞的存在。

维拉鲁宾

维拉鲁宾研究了星系中的恒星如何围绕星系中心移动。她发现恒星的行为显示了星系中的暗物质比我们用望远镜看到的物质要多得多。

质量大的黑洞

天文学家推测的位于活跃星系 NGC 3733 中心的巨大黑洞的周围环境。如果一个黑洞吸收了环境中的气体，它会在很大程度上被加热，极热气体形成的圆盘会发出高能 X 射线。强大的磁场也能极其快速地将物质射入太空。

黑暗的秘密

虽然黑洞已经足够令人困惑，但对于宇宙还有一个更大的难题：我们不知道宇宙究竟由什么构成。

可见质量仅占宇宙能量的5%，不可见的暗物质的比例更大，有23%。天文学家通过观测星系中的恒星运动发现暗物质的存在，但科学家们仍在研究暗物质是由什么构成的。

然而，比暗物质的比例更大的是神秘的暗能量，它占宇宙能量的72%。暗能量使得宇宙越来越快地扩张。

恒星黑洞

超过八倍太阳质量的恒星最终会在超新星爆发后成为黑洞。一颗在爆炸中幸存下来的伴星可以揭示出恒星黑洞的存在，如黑洞（右）会吸引伴星（左）的物质，形成物质圆盘，并发射强烈的辐射。因此，可以借此间接检测到恒星黑洞的位置。

名词解释

围绕其他恒星旋转的行星。这种不断发现的新系外行星，也许存在生命的可能。

原子：化学变化的最小粒子。原子由一个带正电荷的原子核和围绕原子核的带负电荷的电子组成。

一万亿：一百万个一百万，即1000000000000。

褐矮星：质量相对于恒星来说太小，而对于行星来说太大。

多普勒效应：物体辐射（声源的音高或光源的颜色）的波长因为波源和观测者的相对运动而产生变化。远离我们的星光向红色偏移。

暗能量：一种神秘的能量形式，增加了宇宙膨胀的速度。

暗物质：一种看不见的物质形成，它构成了宇宙中的大部分物质。

系外行星：不是绕着太阳旋转，而是绕着另一颗恒星旋转的行星。

星系：由许多恒星、气体和尘埃云组成的集合，通过引力连接到一个连贯的系统。

引力：重力。不同物体之间相互吸引的力。

宇宙的名字：宇宙在不同的文字中有不同的表达形式，比如德语的universum和英语的Universe。

光度：恒星发出的能量值。当高光度的恒星很远时，其光度也会显得非常弱！

光速：在真空下，每秒钟传播299792458米。通常以300000千米/秒计算。

光年：不是时间单位，而是距离单位。光年是光线在一年中传播的距离，约9.46万亿千米（即9460000000000千米）。

质量：衡量物质的量。我们身体的重量是由重力对身体质量的影响造成的。

银河：（a）飘浮在夜空中的数十亿颗恒星组成的发光带。（b）我们的家园星系，银河系。

十亿：一千个一百万。即1000000000。

百万：一千个一千。即1000000。

中子星：一颗密集而紧凑的天体，当质量大的恒星在其生命尽头，由于自身重力作用而塌陷时，就会产生中子星。中子星由密集的中子组成。

轨道：一个天体围绕另一个天体运转的圆形路径，例如，行星围绕太阳旋转的路径。

行星：围绕恒星旋转的球形天体，不会自行发光。

行星状星云：发光气体云。在成为白矮星之前，质量类似太阳的恒星抛入太空的尘埃和气体壳。

旋转轴：三维物体（行星、恒星、星系等）旋转中心的假想轴。地球的轴线从地球内部贯穿南北极。

红巨星/超巨星：恒星生活后期阶段，温度低、明亮、呈红色且非常大的恒星。

红矮星：光度低、温度低、膨胀小、红色的恒星。

红移：如果恒星或星系远离观察者，光谱上观测到的谱线会朝红色波长范围移动。

黑洞：无限密集的物体，具有巨大的引力，即使光线也不能从那里逃逸。

太阳系：包括太阳在内的所有物体，都受太阳引力的约束。

星座：星空上的区域，其中较亮的星星形成一个图案。星座在夜空中可以用于定位。

超新星：恒星在末期时剧烈爆炸，此时质量超过八倍太阳质量的恒星将其大部分物质射入太空。

超巨星：质量非常大的恒星。

宇宙：宇宙由物质和能量以及空间和时间组成。

宇宙大爆炸：138亿年前发生的事件，从那时起出现了时间和空间。

白矮星：在气体云被抛射为行星状星云之后，留下来的老化的热星核。

图片来源说明 /images sources：
Archiv Tessloff：10上中，Corbis：2右上/14左下（Reuters），6/7 背景图（M. Hollingshead），7右下（Voyager1），8右中（P. Wojazer），11 右下（Visuals Unlimited），18上中（M. Falzone JAI），20/21 背景图（R. Cattini/SOPA RF/SOPA），21右下（D. BALIBOUSE/X90072/Reuters），25中（P. Wootton/Science Photo Library），25左下（Science Photo Library），27上（P. Ginter），ESA：7左上（R. Gendler），15左中，15左下，15左上，19上中，19右上，35上中，41左中，43左上，ESO：3左上，5右中，16右上（G. Hüdepohl），17右上，17下（Y. Beletsky），18中下，18右下，24下，28右上，29上，31右上，32右上，33右下，35左上，46右上，47中，FOCUS：47左上（Science Photo Library），Frebel Anna：4左中，4右中，4左上，4 背景图，5右上，Getty：14右下（J. Thursten Photography），19右中（D. Nunuk），28右下（BSIP），33左下（M. Ward/Stocktrekimages），Harvard Smithsonian Center for Astrophysics：44中下，44右下，45上右，45中下，45右下，independent Medien-Design：33右中，Laska Grafix：3右下，40上中，41左上，46右中，Mauritius：19右下（Alamy），20右上（Science Source），23中下（ZUMA Press/Alamy），30/31上中（Science Photo Library），36左下（Alamy），38右中（D. v. Ravensway），44左中（Science Faction），Max-Planck-Institut IPP：27右上中，NASA：1 背景图，2左中，2右中，3右中，5右下（Nigel_Sharp），6左上（M. Jäger & G. Rhemann），6右上，7右上，12左中（Supportstorm），14左中，14右上，14中右，17右上（ESA and R. Massey_3D Distribution of dark matter in the Universe），18右上，19左上，21右上，22/23 背景图（Goddard Space Flight Center/SDO/S. Wiessinger），23中上（JAXA/Hinode），24右上，29左下，31中左，35右上，36右上，36中下，36右下，37左上，37右上，37右下，38左上，38左下，39右下，39右上，39左下，40右上，42左下，42右下，42/43 背景图，44/45中，45右上，47右下，Picture alliance：9右上（akg-images），21中下（CERN），23右中，43左下（United Archives），Shutterstock：3左中/32左中/33中/33左上/34左下/34中下/34右下/35左下/35右下/36左下（sciencepics），8下（J. Black），9左下（Baldas1950），10 背景图/11左上（shooarts），10中上（Hollyphagic），18/19中（IndianSummer），29右下/32中左（M. Gann），31左下（Mopic），Sol90images：16下，Thinkstock：2右下/24中中（surangaw），15左上/48右上（Dorling Kindersley），15右下（Comstock），15右下（istock），27左下（generalfmv），30上（DigitalVision），University of Arizona：42右上，43左下，Wikipedia：2左下/8右上（Anagoria），9右下，11右中（R. Sinnott & R. Fienberg/IAU and Sky & Telescope magazine），12中中/12左下/12中下/12右下/12左下/13右上/13右下/13中右/13右下（F. Michel），19左下（Pachango），26右上（F. Schmutzer），26右中（Smithsonian Institution），28中
环衬：Shutterstock：下右（VikaSuh）
封面照片：封1 Corbis（R_Llewellyn），封4 Shutterstock（AstroStar）
设计：independent Medien-Design

内 容 提 要

从古至今人们都是如何观察星星的？恒星如何诞生，又如何消亡？有另一个地球吗？这本《宇宙中的星体》向读者揭示了"星星的秘密"，打开孩子认识宇宙的大门。《德国少年儿童百科知识全书·珍藏版》是一套引进自德国的知名少儿科普读物，内容丰富、门类齐全，内容涉及自然、地理、动物、植物、天文、地质、科技、人文等多个学科领域。本书运用丰富而精美的图片、生动的实例和青少年能够理解的语言来解释复杂的科学现象，非常适合 7 岁以上的孩子阅读。全套图书系统地、全方位地介绍了各个门类的知识，书中体现出德国人严谨的逻辑思维方式，相信对拓宽孩子的知识视野将起到积极作用。

图书在版编目（CIP）数据

宇宙中的星体 /（德）曼弗雷德·鲍尔著 ；张依妮译 . -- 北京 ：航空工业出版社，2022.3（2023.10 重印）
（德国少年儿童百科知识全书 ：珍藏版）
ISBN 978-7-5165-2885-3

Ⅰ．①宇… Ⅱ．①曼… ②张… Ⅲ．①天体－少儿读物 Ⅳ．① P1-49

中国版本图书馆 CIP 数据核字（2022）第 025114 号

著作权合同登记号
图字 01-2021-6322

STERNE Wunder des Weltalls
By Dr. Manfred Baur
© 2014 TESSLOFF VERLAG, Nuremberg, Germany, www.tessloff.com
© 2022 Dolphin Media, Ltd., Wuhan, P.R. China
for this edition in the simplified Chinese language
本书中文简体字版权经德国 Tessloff 出版社授予海豚传媒股份有限公司，由航空工业出版社独家出版发行。

宇宙中的星体
Yuzhou Zhong De Xingti

航空工业出版社出版发行
（北京市朝阳区京顺路 5 号曙光大厦 C 座四层　100028）
发行部电话：010-85672663　010-85672683

鹤山雅图仕印刷有限公司印刷　　　全国各地新华书店经售
2022 年 3 月第 1 版　　　　　　　2023 年 10 月第 4 次印刷
开本：889×1194　1/16　　　　　　字数：50 千字
印张：3.5　　　　　　　　　　　　定价：35.00 元

 船的故事

 飞机的秘密

 火山探秘

 七大奇迹

 汽车世界

 鲨鱼家族

 百变天气

 穿越大自然

 鲸和海豚

 恐龙王国

 矿物与岩石

 爬行与两栖动物

 大自然的力量

 改变世界的电

 各种各样的鱼

 猫的家族

 奇境森林

 忠诚的狗

 浩瀚宇宙

 狼的故事

 蚂蚁和白蚁

 美丽的蝴蝶

 蜜蜂和胡蜂

 潜水的魅力

 古老的希腊文明

 古罗马生活

 欧洲风情

 骑士时代

 舞动的音符

 古老的城堡

 熊的秘密生活

 化石档案

 奇妙的昆虫

 极地世界

 神秘的蜘蛛

 大象王国

 海底宝藏 2023 NEW

 海洋之谜 2023 NEW

 火星登陆 2023 NEW

 忙碌的农场 2023 NEW

 时尚魅影 2023 NEW

 全球气候 2023 NEW